U0068126

達克比辦案 ⑨

## 巨型動物與復活生物學

文 胡妙芬　圖 柯智元

達克比形象原創 彭永成

審訂 楊子睿 古生物學家、國立自然科學博物館研究員

親子天下 Education · Parenting Family Lifestyle

## 從最有趣的漫畫中學到最有趣的科學

中正大學通識教育中心特聘教授與教務長、「科學傳播教育研究室」主持人 **黃俊儒**

許多科學家在回顧自己的研究生涯時，經常會提到小時候受到哪些科學讀物的關鍵影響，其中不乏精采的小説、電影或漫畫。流行文化文本對於讀者所產生的潛移默化作用，可能遠比我們所能想像的更深更遠。

過往的年代，小朋友看漫畫會被長輩斥責是在看「尪仔冊」，意思就是內容比較不正經。但是這個年代卻大大的不一樣，透過漫畫傳遞知識成為一個重要的顯學，因為漫畫可以將許多抽象的科學知識具體化，讓科學理論、數學符號、原理算式都變得栩栩如生、躍然紙上。此外，透過情節的鋪陳，更可以讓讀者拉近科學知識與生活情境之間的關係。

「有趣」是學習過程中一件很重要的事，看達克比一邊辦案一邊抖出各種動物的祕密，不知不覺就學到許多生物的知識。在孩童開始接受嚴肅的教科書洗禮之前，如果有機會從最有趣的漫畫中學到最有趣的科學，相信他們一定可以跟這些知識保持一輩子的好關係！

---

## 帶著孩子思辨的最佳科普讀物

新北市鶯歌國小閱讀推動教師 **賴玉敏**

《達克比辦案9》出版囉！能想像孩子們一聽到這個消息，一定會發出一聲「哇」的驚嘆聲！【達克比辦案】系列就是有這樣的魅力，能讓孩子喜歡和期待。我這位資深圖書館老師，可見證著鴨嘴獸警察達克比的受歡迎程度啊！不僅是詢問度高，而且也是常常漂流在外、書回不來圖書館的暢銷好書之一。

從第一集到第九集，也看見作者的用心，將科普知識包裝在有趣的漫畫中，讓讀者一打開書頁，就無法停下來。而且達克比辦案的技巧越來越先進，還結合外星人、超越時空的情節，彷彿就像是哆啦A夢，有著各式各樣先進的科技辦案武器，科技與科幻的融合是特色之一。

讓我更驚豔的是本集的內容，不僅讓各種古生物出現在讀者眼前，也介紹了我們所不知道的復活生物學技術例如人工選殖、基因複製等，讓人驚嘆生物學技術的日新月異。

然而，讓劍齒虎、巨爪地懶復活好嗎？我們真的要把遠古生物找回來嗎？作者更是藉由外星人兄弟提出不同的看法，希望讓讀者能思考這個問題，人類逆天而行，打破大自然的定律，帶來的後果會是什麼呢？作者在書中放入了思辨的元素，希望大小讀者思考與討論：科技的進步究竟帶給大自然的是禮物還是浩劫？希望大讀者能帶著小讀者不僅看漫畫、看趣味，也能試著解讀書中所設計的圖表訊息，解讀作者想表達的涵義及特色，做個有科普素養的「越讀者」！

## 絕無冷場的科普饗宴

臺南市教育局創思與教學研發中心專任研究教師 **彭遠芬**

對我來說，科普閱讀陌生難親近，從來不會主動去碰，直到遇見了【達克比辦案】系列。從一打開書，讀到任務裝備、辦案情節發展、動物小檔案和科普知識介紹，以及有趣又有深度的辦案心得時，就深深被吸引。各種動物被擬人化後，不僅可以讓孩子感覺身歷其境；具備發明精神的情節安排，更能讓孩子在閱讀的過程中吸收科學新知；同時帶著人性的眼光，設身處地的思考關於人類與自然環境、不同生物互動的哲學與態度。

然而，此書系更讓我心動的是，作者運用各式各樣的表格，將原本看似複雜的知識化繁為簡，讓孩子能從中學習多樣化的訊息整理方式。老師也可以帶著孩子學習仿作，培養這樣的技能後，還可以移植應用到任何領域的學習。作者的精心規劃，不論在孩子的學習、師長的教學上，都在在令人驚嘆連連啊！

打開第九集的書頁前，不斷揣想著：作者又要用什麼樣的創意，領我們進入未知卻繽紛的科學世界？讀者的大腦即將再經歷什麼樣的知識饗宴？一到八集沒有一集冷場，第九集當然也不例外。趕快一起來讀，看看這次作者如何妙手轉化最先進的「復活生物學」知識，保證再次讓你拍案叫絕，絕無冷場！

---

## 爸媽教養路上不能錯過的好朋友：【達克比辦案】系列

資深國小老師、教育部 101 年度閱讀磐石個人獎得主 **林怡辰**

「請問老師，孩子不愛看書怎麼辦？」、「我的孩子上了國中，很多地科生物的課本都看不懂，可以怎麼幫助他？」推廣閱讀多年，最常見的閱讀興趣養成、閱讀偏食、缺乏科普閱讀，甚至自然科學類的學習問題等，每每我的答案都是：【達克比辦案】。

強力吸睛的漫畫，加上臺大動物所畢業的兒童科普作家胡妙芬親自撰寫的內容，常常在圖書館還沒上架，就被引頸企盼的孩子們敲破了碗。清楚對話、詳盡對照圖表，從第一集動物的保護色、第二三四五集動物育兒和特殊行為，幫國小自然科做了最好的補充和延伸閱讀。第六集的演化和古生物滅絕，更將這個系列往更高的演化層次提升，也把國中比較抽象的地球科學，用漫畫做了清晰且接地氣的示範，真的是一讀就懂！

轉眼達克比出第九集了，這集除了談孩子熟悉的冰期動物明星外，更有生物複製技術、絕種動物復活的問題，站在前一集的天擇上，再往DNA複製技術的概念前進，最後留下冰期巨型動物滅絕和人類的關係。闔上書頁，我實在感動不已！

常來回新加坡、馬來西亞和各地老師分享交流，臺灣的出版品常常令當地老師和家長欽羨，尤其是不斷進化的【達克比辦案】系列。如果您是家長或師長，別輕易讓孩子錯過這套臺灣出版品的驕傲！

# 目錄


推薦序　**黃俊儒** 中正大學通識教育中心特聘教授與教務長、「科學傳播教育研究室」主持人　2

推薦序　**賴玉敏** 新北市鶯歌國小閱讀推動教師　2

推薦序　**彭遠芬** 臺南市教育局創思與教學研發中心專任研究教師　3

推薦序　**林怡辰** 資深國小教師、教育部101年度閱讀磐石個人獎得主　3

## 達克比的任務裝備　7

## 最後一隻劍齒虎　8

**末次冰期與巨型動物群** 14

**劍齒虎小檔案** 18

**什麼是「復活生物學」** 22

**復活絕招 1：人工選殖** 23

## 孤獨瑪麗與三個媽媽　32

**巨爪地懶小檔案** 39

**復活絕招 2：複製技術** 46

**第一個「復活」案例：庇里牛斯羱羊** 49

## 多多鳥危機 54

多多鳥小檔案 59

多多鳥怎麼消失了？ 70

讓滅絕動物復活可能會產生的問題 76

## 冰原迷你象 80

長毛象小檔案 87

迷你象是怎麼出現的？ 94

自然發生的大復活：迭代演化 96

## 發現人類象骨屋 102

克羅馬儂人小檔案 106

他們從哪裡來？ 107

長毛象大復活？ 110

梅日里奇的「象骨屋」 115

末次冰期的巨型動物可能因為人類而滅亡 118

## 小木屋派出所新血招募 129

鴨嘴獸「達克比」是一個動物警察，
駐守在河邊的小木屋派出所。

# 達克比的任務裝備

達克比，游河裡，上山下海，哪兒都去；
有愛心，守正義，打擊犯罪，他跑第一。

**猜猜看，他會遇到什麼有趣的動物案件呢？**

# 最後一隻劍齒虎

※ 為何不說「冰河時期」？請見第 14 頁。

轟
歡迎回到末次冰期！
小博慢點，小心跌倒！
耶！
馬上就能看到團長的冰河動物，我太興奮了啦！
吱
啊？
怎麼什麼都沒有？
動物都跑到哪裡去了？

怎麼回事？
動物都不見了？
嗚哇哇～
誰？是誰？
松鼠?!
有個怪傢伙突然闖進來，把他們全都帶走了……
只剩下我！

你沒被壞人帶走很幸運，為什麼哭呢？
因為他嫌棄我！
他說自己喜歡「巨型動物」，不喜歡我這種小不點，嗚嗚嗚……
嫌犯特徵：喜歡巨大的動物……
沙沙
快來看！這邊有好多腳印～

# 末次冰期與巨型動物群

地球曾經出現數次的寒冷冰期。最後的一次稱為「末次冰期」，大約是在距今11萬年～1萬2000年前。有些人誤稱它為「冰河時期」，其實「冰河時期」和「冰期」不太一樣！冰河時期的時間更長，一次「冰河時期」是由多次寒冷的「冰期」及溫暖的「間冰期」交替出現所組成。我們現在還活在「第四紀冰河時期」中，第四紀冰河時期從開始到現在已經 260 萬年；只是現在是「間冰期」，所以並不算十分寒冷。

末次冰期的動物，像是長毛象、劍齒虎、大角鹿、披毛犀、大地懶等，都比現代的同類龐大許多，被稱為「巨型動物群」。許多巨型動物在末次冰期接近結束時滅亡，原因可能是氣候的劇烈變化，再加上人類的出現。

## 南極過去 45 萬年的溫度循環變化 ※ 數據提供：美國猶他州地質調查所

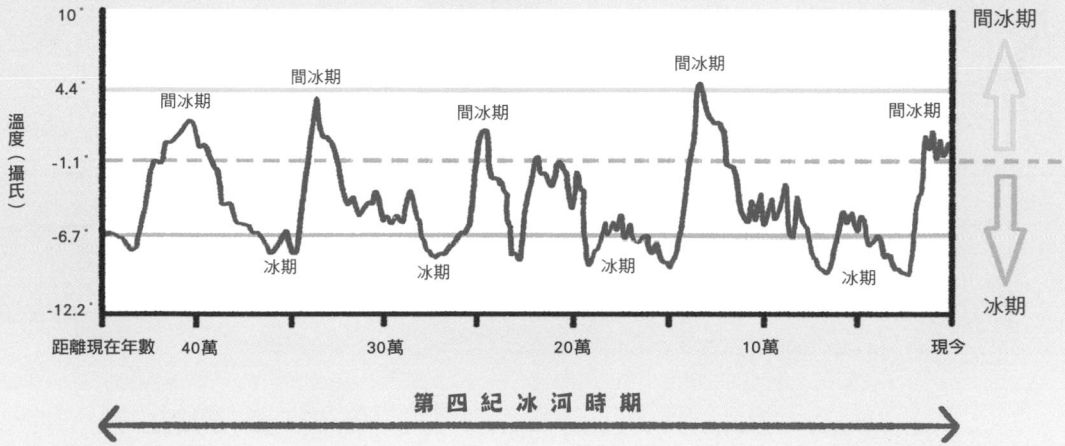


長毛象

披毛犀

奇怪？這腳印
不像動物……

咦？

跟團長的腳印很像，
步伐也差不多……

腳印通往那邊！
你們看！

唉，休假還要辦
案子，我命苦啊！

命苦什麼？！
趕快去看看啦！
唉

：我們老虎少説也是動物界的霸主，你這樣嘲笑我們，很沒禮貌！何況你跟我們一樣是「虎」字輩，有什麼好笑的啊？

：哈哈哈，誰跟你們是同類！我是劍齒虎，而你們的犬齒這麼短又這麼小，應該叫短牙虎或小牙虎啊，哈哈哈……

：我們又不是劍齒虎，沒有劍齒很正常。你是最後一隻劍齒虎，要不是為了拯救你們，誰要來這種冷得要命的鬼地方呀？

# 劍齒虎小檔案

| | |
|---|---|
| **姓　名** | 劍齒虎 |
| **生存時間** | 距今約4200 萬年～ 1萬1000年前 |
| **體型與特徵** | 是可怕的掠食性動物，體型像熊，比起像老虎、獅子等現代的貓科動物，都來得粗壯龐大。牠們最強的武器是像「劍」一般的犬齒。犬齒長達 20 公分，只需一對就可插入獵物身體的深處，並能盡量擴大傷口，造成獵物的大量出血而死亡。 |
| **滅亡原因** | 劍齒虎的食物來源是大型的草食動物。當末次冰期結束，大型草食動物消失以後，劍齒虎也因為缺乏食物而跟著滅亡。 |

你們說得沒錯，我看我們是沒救了，就跟其他動物一樣，鐵定要滅亡了！
唉～
別喪氣！我們的任務就是要
讓劍齒虎復活，這叫「復活生物學」！你懂不懂啊？
啪！
復活生物學？
啊啊啊……
砰！
砰！
鏘～

帶我們來的人是這麼說的……
劍齒虎是偉大的肉食之王！牠的劍齒連獅子、老虎都比不上！
只可惜運氣不好，牠們竟然面臨了絕種的噩運……
你們的使命，就是去拯救他們！
怎麼救？抓動物給他們吃嗎？
不是！是跟他們結婚，為他們生很多小寶寶！
啊～真害羞！

生下的混血兒，會保留劍齒虎最動人的特徵「劍齒」。
就算有，也只是短短的長牙吧？
沒關係，慢慢來。
我們可以再接再厲，每次都挑選犬齒較長的後代通婚、再通婚；最後就能得到越來越長的劍齒，讓劍齒虎的偉大血脈永遠長存！
我喜歡！
這主意不錯！
感覺很有希望！

# 什麼是「復活生物學」

復活生物學是一門新學問，又稱為「去滅絕」，目的是讓已經絕種的生物重新出現，也就是「除去」滅絕的意思。

不過，重新出現的生物不一定百分之百就是原來的絕種生物，有時候只是製造出外形非常相像的個體，例如以「人工選殖法」讓已經絕種的斑驢重新出現，就是最好的例子。

斑驢原本生活在非洲南部，因為會跟人類飼養的牛、羊搶草吃，所以遭到嚴重的獵殺，在1883年就絕種了。

# 復活絕招1：人工選殖

斑驢計畫

仔細看看斑驢，模樣很像斑馬，前半部主要由褐色和白色條紋圖案所構成，後半部呈黃褐色、無條紋。其實斑驢是平原斑馬的一個亞種（也就是同種生物，只是特徵有些微不同），所以科學家決定展開「斑驢計畫」，選擇使用「人工選殖」的方法，重現一百多年前絕種的斑驢。

步驟一：

先挑選幾隻「布氏斑馬」養在培育中心。布氏斑馬也是一種平原斑馬，外形最像斑驢。

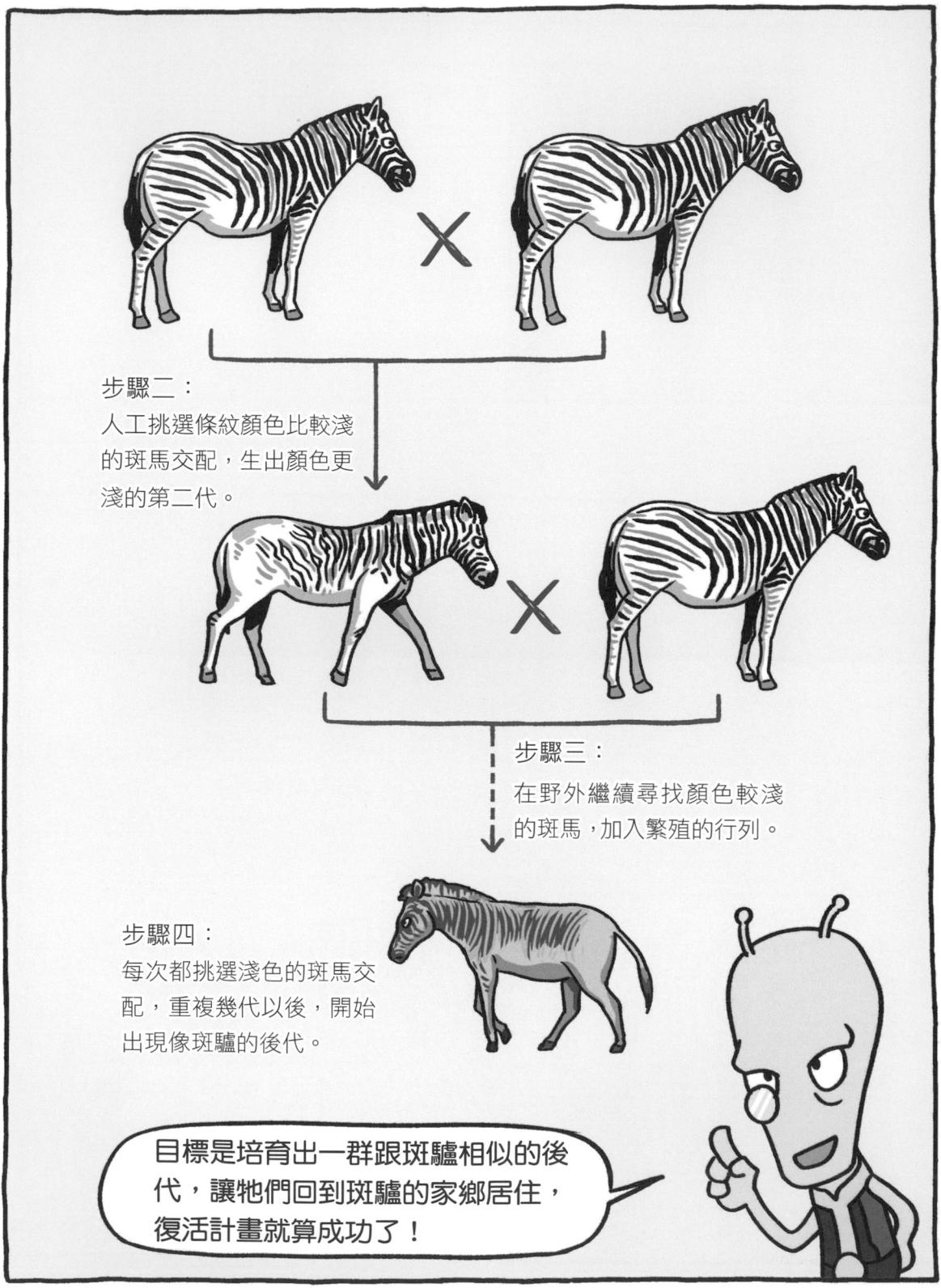
步驟二：
人工挑選條紋顏色比較淺的斑馬交配，生出顏色更淺的第二代。
步驟三：
在野外繼續尋找顏色較淺的斑馬，加入繁殖的行列。
步驟四：
每次都挑選淺色的斑馬交配，重複幾代以後，開始出現像斑驢的後代。
目標是培育出一群跟斑驢相似的後代，讓牠們回到斑驢的家鄉居住，復活計畫就算成功了！

到時候你們的後代將統治全世界！成為世界上最強的強者！
耶！我要去！
一起去！
我們是你的最後希望。為了拯救劍齒虎的未來，你就跟我們結婚吧！
等一下！
啪
是誰把你們從現代帶到古代來的？
怎麼可以這麼做呢？
嗯……

想不起來了。
我只記得他叫我們救劍齒虎，然後用失憶槌敲我們的頭……
敲完以後，其他就都不記得了。
方法怎麼跟團長很像……
這種做法不對！我不贊成！
！？！
萬一你們成功，那就換成現代的老虎、獅子、豹滅絕了！
啊？！
為什麼？

：劍齒虎有像刀子一樣的大犬齒，並且比老虎、獅子、豹都來得強壯。如果真的讓劍齒虎復活來到現代，你們老虎恐怕就要倒大楣了。
：這話怎麼說？為什麼呢？
：想想看，如果要捕捉大型的獵物，你們搶得過劍齒虎嗎？
：嗯……恐怕不行。就算可以，也要費很大、很大的力氣。
：這就對了！劍齒虎如果成功「復活」來到現代，恐怕所有的肉食動物都要餓肚子。到時候，反倒變成你們絕種了……
走開，這是我的！

對呀，而且劍齒虎雖然名字中有虎，但其實跟老虎的親緣關係很遠，所以你們不一定能交配……
什麼？！
就算交配，也不一定生得出小孩……
就算能生小孩，小孩也不一定能活下去，或有繁殖能力……
不同種的動物交配，大多生出不具繁殖能力的後代。像是馬與驢生出的「騾」不能正常生育；而獅與虎生出的「獅虎」，雄性沒有生育能力、雌性通常會有。
馬
×
驢
=
騾
獅
×
虎
=
獅虎

哎呦～沒這麼嚴重吧？
不試試看怎麼會知道呢？
我們一起努力，別讓劍齒虎絕種，好嗎？
嗯嗯～
假牙
靠近
啾
喀嚓！
驚

啊哈哈哈！是假牙～
假牙
斷掉了～
是不是
可以扁他？
同意
砰！
砰！
啪！
噗
哈

## 我的辦案心得筆記

發現者：達克比一行人

發現原因：團長的冰河動物不見了

調查結果：

1. 地球的最後一次冰期，大約在1萬2000年前結束。現代是冰河時期的「間冰期」，氣候比較溫暖。

2. 「復活生物學」或「去滅絕」，是使已經絕種的動物重新出現，包括重新養出絕種動物，或是製造出外形相似的個體。

3. 劍齒虎的犬齒可長達20公分，而老虎的則是5～7公分。劍齒虎名字中雖然有「虎」，但和現代的老虎、獅子、豹等動物親緣關係很遠。

4. 用「人工選殖」方法「復活」的滅絕動物，只是外形相像。

5. 劍齒虎如果「復活」，現代的老虎、獅子等肉食動物可能會受到很大的威脅。

復活失敗

調查心得：

一二三四五，去救劍齒虎；
復活難又難，救援不簡單。

# 孤獨瑪麗與三個媽媽

嗯……

腳印好亂喔！
那小偷到底跑去哪了？

噓！你們聽……

嗚嗚嗚嗚嗚

有鬼在哭！我怕怕！
太丟臉……

聲音是從那邊傳來的！
大家跟我來！
靜
哇嗚嗚嗚嗚……
哭得真慘！
這位太太，
別傷心了。

有什麼事說出來，讓我們來幫忙～
我……
??
刷
刷刷
刷

親愛的～
你走了只剩下我，我好想你啊！
：我和我丈夫是這附近僅存的巨爪地懶。但他還沒跟我生下一兒半女就死了，留下我孤零零的，所以大家都叫我「孤獨瑪麗」……
：好心酸的名字，又是一種即將滅絕的動物……
：可是前陣子來了一個大好人！他說他可以解救我們，幫我「製造」一個孩子，讓我們不會絕種。我實在太高興了！
：那個人是誰？長什麼樣子？快跟我說！
：他長得小小、怪怪的……但看起來很有學問……

他帶來兩隻奇怪的動物，叫做什麼「樹懶」。
樹懶是現代的動物，被帶到古代來！
那兩隻樹懶整天掛在樹上，動作慢得要命！
嗨——
你——
好——

# 巨爪地懶小檔案

| | |
|---|---|
| **姓　名** | 巨爪地懶 |
| **生存時間與地點** | 距今約 1030 萬年～1 萬 1000 年前的北美洲。 |
| **體型與特徵** | 擁有巨大的腳爪，是現代動物樹懶的近親。「樹」懶在「樹」上活動，巨爪「地」懶則在「地」面討生活。巨爪地懶的體型巨大，身長超過3公尺，體重超過 1000 公斤。為草食動物，以啃食葉子或是吃草為主，有時也會透過後腳直立，取得樹上的嫩枝與樹葉來吃。 |
| **滅亡原因** | 受到早期人類大量捕殺。 |

※ 卵細胞是生物用來生殖後代的細胞，與精細胞結合就能發育成胎兒。

好啦！
再放進另一隻樹懶的體內，就能生出寶寶。
你的孩子將在樹懶的肚子裡長大。你要好好照顧樹懶，這樣巨爪地懶就能留下後代，不會絕種了，知道嗎？
耶，太好了！
謝謝你！
喂喂，小心！
可是，唉……
有人幫你脫離絕種的命運很好啊，為什麼嘆氣呢？

因為——
是樹懶！
這——
是——
我——
的肚子？
——的——
孩子——
咚
ㄅㄨㄤ

不——是——
她的——
夠了！
虧我每天做牛做馬，
把你餵飽！
竟然說肚裡的孩
子要叫她媽媽！
你們說可不可
惡？！
寶寶既然是樹懶
生的，叫她媽媽
好像沒錯啊？
但是孩子的
DNA是地懶的，
應該叫地懶媽媽
才對吧！
?

你們的想法都沒錯……
不只這樣，未來的寶寶會有三個「媽媽」！
媽媽 1 號
2號
3號
媽媽、媽媽……
你說什麼?!
這是事實。
這是一種「複製技術」。一號媽媽提供 DNA，二號媽媽提供卵細胞，三號媽媽懷孕，複製寶寶才有可能出生。
複製技術
!!!

我懂了！
樹懶只是幫忙懷孕的「代理孕母」，生下來的寶寶是巨爪地懶的「複製品」！
沒錯！小博真聰明！
趕快筆記——神祕小偷再次拯救滅絕動物，會使用複製技術……
不過別高興太早。
複製技術不一定會成功……

# 復活絕招 2：複製技術

大部分的動物，都需要有父親的「精細胞」和母親的「卵細胞」結合，才能生出後代。但是，如果有一種動物全世界只剩最後一隻的時候，該怎麼辦呢？

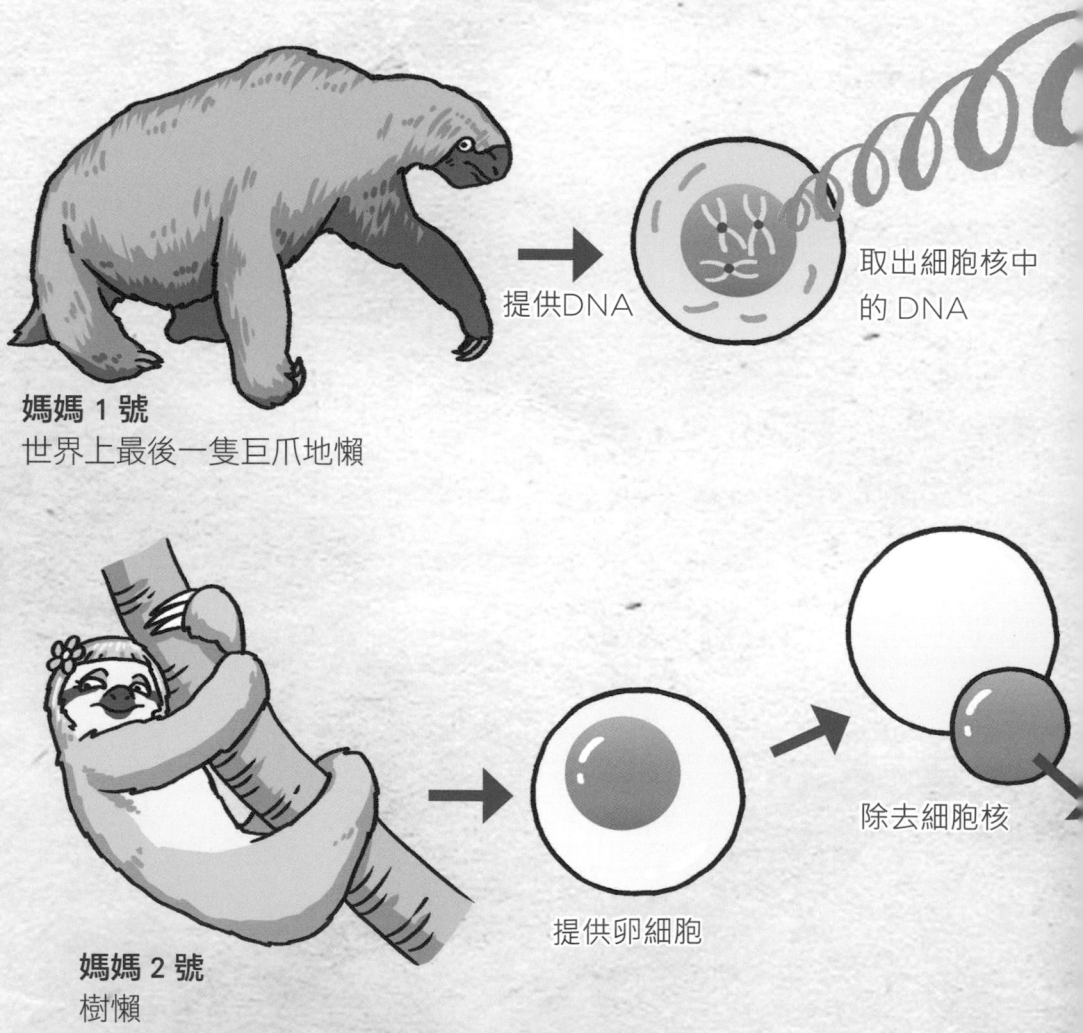

這時候，科學家可以用「複製技術」展開搶救。透過複製技術誕生的「複製寶寶」，DNA 會和最後一隻動物完全相同，所以牠們會長得一模一樣，就像「複製品」一樣。

為什麼？

那怎麼辦？

：因為樹懶和地懶畢竟是不同種的生物。要樹懶成功懷孕，順利生下一隻地懶寶寶，不是一件容易的事。

：期望越高，失望越大。孤獨瑪麗，我想成功的機率不高，你最好別抱太大的希望……

# 第一個「復活」案例：庇里牛斯羱羊

我叫「西莉雅」，是世界上最後一隻庇里牛斯羱羊！

西元2000年，西莉雅不小心被樹枝壓死。還好科學家早已經採集了牠的細胞，保存在實驗室裡。

呃，我死了！

接下來幾年間，科學家用「複製技術」使絕種的庇里牛斯羱羊「復活」。

希望會成功！

西莉雅提供DNA

抽出DNA

植入體內

西莉雅的DNA進入母山羊的卵細胞

另一隻母山羊幫忙懷孕

母山羊提供卵細胞

除去細胞核

※「羱」念成「ㄩㄢˊ」

經過幾次失敗以後，有一隻母山羊成功生下庇里牛斯羱羊，成為全世界第一種成功「復活」的滅絕動物。
耶！成功！
但是小寶寶只活了短短十分鐘，就因為呼吸困難而死亡。
嗚，失敗了！
雖然庇里牛斯羱羊只「復活」了十分鐘，但科學家相信，未來的技術一定會越來越進步。所以許多動物園成立「冰凍動物園」，把瀕臨絕種動物的 DNA、精子或其他細胞冰凍起來，未來技術進步時，就可以用來使滅絕生物「復活」。
冰凍動物園
零下196°C的液態氮桶
老虎
爪哇野牛
白犀牛
海龜
大象
黑腳企鵝

麻煩你下來一下下。
是嗎？
咚
咚
咚
ZZZZZ...

用我的透視解剖刀透視看看。
便祕中
啊?!都是大便！
原來是東西吃太多，根本沒懷孕！
期待落空了！
嗚哇哇

## 我的辦案心得筆記

發現者：阿美

發現原因：樹林傳出神祕哭聲

調查結果：

1. 巨爪地懶很巨大，體長可達3公尺，牠們的現代近親是樹懶。

2. 複製技術是使滅絕生物復活，最有希望的技術。

3. 世界上第一種「復活」成功的案例是庇里牛斯羱羊，但只活了短短十分鐘就死了。

4. 複製技術需要三個媽媽：第一個提供DNA、第二個提供卵細胞、第三個幫忙懷孕。出生的複製寶寶會和第一個長得一模一樣。

5. 孤獨瑪麗想通了，既然最後都會絕種，生命中剩下的日子每天都要哈哈笑，不要哇哇哭。

調查心得：

複製一個他，需要三個媽；

樹懶生地懶，小媽大娃娃。

繼續追查

多多鳥危機

看來這個小偷專門拯救滅絕動物。
雖然他偷走了團長的動物，但不像壞人！
我覺得他是好人！有愛心拯救動物！
太有愛心也可能會闖下大禍……
啊哈哈
噠
噠
你們是誰？
從來沒見過！
嘻嘻！
咖
啊
救命

哇，胖嘟嘟的。
是這樣戴嗎？
好可愛！
呃
奇怪，你有點面熟耶？
哇，我看到螞蟻打架！
這是什麼？
報告、報告！
模里西斯的多多鳥！訓練時間到了，快來集合！
啊！
差點忘了！
訓練時間！
拍
沒空陪你們玩了！再見～
要遲到了！
大家快點！
噗
噗

咻——

嘩
嘩
嘩

他們是誰啊？
真活潑，一點都不怕生。

他們是我園裡的多多鳥。

小偷很可能就在那邊，我們跟著他們！

# 多多鳥小檔案

| | |
|---|---|
| **姓 名** | 多多鳥（或譯「度度鳥」或「渡渡鳥」） |
| **生存時間** | 科學家發現1萬2000年前的多多鳥骨骼化石，所以多多鳥最晚在1萬2000年前就已經存在。最後一隻多多鳥，可能是在西元1688～1715年間消失。 |
| **出現地點** | 非洲附近的模里西斯島 |
| **體型與特徵** | 翅膀小、不會飛，體型大而胖，身高大約1公尺。牠們不怕人，把鳥巢築在地面上；嘴尖有彎鈎，只吃模里西斯島上特有的大櫨橄樹果實。 |
| **滅亡原因** | 人類登上模里西斯島 |

躲避人類訓練中心
這是什麼奇怪的地方？
為什麼要躲避人類？
冰期又沒有人！
誰說的，末次冰期早就有原始人了！
訓練要開始了！多多鳥注意！注意！
奇怪，這個聲音……
呃
不管了，先爬牆進去看看再說。

第一階段！
認識人類！
咔
刷
刷
刷
刷
啊
！！
人類長這樣啊？
只有兩隻腳！
嘿，跟我們一樣耶！
這是？
？
？

嘿，借我一下！
刷
你看我美嗎？
哈
哈
奇怪，這是什麼？
是眼罩嗎？
哈哈
啊哈哈
奇怪，怎麼看不見了？
我也是～唉唷喂～
噹
砰
哈哈
暈
哈
哈哈

哈 哈
哈 哈
哈
啪
哈 哈
啪
啪
哈
：真慘，這些多多鳥從來沒看過半個人類，真的一點都不怕人。以後真的遇到人類的時候，很容易統統被抓起來吃掉。
：可是早在末次冰期人類就出現了，多多鳥為什麼沒看過人類啊？
：因為多多鳥居住在偏遠的模里西斯島上，那個島在印度洋中，和其他大陸隔著海。人類一直沒有去到鳥上，直到……
大會報告！大會報告！
……

第二階段，
認識人類的武器！
刷
鏘
刷
啊！
啊
叶
呱啊！
滋
滋

啊
啊
啪
啪
啪
帥耶！
咻
咻
咻
好看！
決鬥吧！
來呀！
鏘
鏘
刷
咻
嘻嘻
嗯？

啊
砰
呼～
哈 哈
哈
可惡！
一群笨蛋！
吱——
刷——
啊
刷——
哇
啊

你們這些無知的多多鳥！看清楚了，我是人類！
咖
咖
抖
抖
抖
：人類手上的刀子和槍，是用來殺你們的！人類不但會吃你們的肉，喝你們的血，還會把你們的骨頭做成標本！
：可是我們不認識人類，為什麼人類要這樣對待我們？
：因為人類也要活下去！肚子餓的時候，剛好抓你們這些傻瓜來吃！誰叫你們不怕人類，不快點跑去躲起來！趕快學會害怕人類，未來你們就不會因為人類出現而滅絕了！

看招！
啊啊啊
刷
踏
啊啊啊
啊啊啊
刷
踏
救命！
救命啊！
啊？
刷

你是誰？為什麼傷害多多鳥？
：我不是要傷害他們！我是在訓練他們！
：訓練他們害怕人類？可是萬一真的受傷怎麼辦？
：不會的！我只是嚇嚇他們。而且就算讓他們受一點傷，總比他們對人類毫無戒心，到了十七世紀被人類殺光、吃光，一隻都不剩來得好吧？
：他說的沒錯！多多鳥真的是因為人類登上模里西斯島，而在十七世紀滅亡的！

多多鳥怎麼消失了？
人類很聰明，懂得用武器和團隊合作來打獵。而且人類剛出現在許多地方時，有些動物因為從來沒見過人類而不懂得躲避，所以被人類大量獵殺、走向滅亡，多多鳥就是一個極為有名的例子。
嗝
哈哈，吃得真飽！
距今 1 萬 2000 年～三百多年前，模里西斯島上住著很多多多鳥。島上沒有人，也沒有大型的天敵，所以多多鳥不會飛，把鳥巢築在地上，過著幸福快樂的生活。
但是西元 1505 年，葡萄牙人發現了模里西斯島，還有島上的多多鳥。
有種不好的預感……

從來沒有見過人類的多多鳥，遇到人根本不會躲開。
水手們很容易就能抓到多多鳥來吃。
煮湯應該很好吃！
嗚哇～不要啦～～
人類還帶來了貓、狗和老鼠，牠們經常吃掉多多鳥的蛋。多多鳥迅速減少，不出 200 年，就從地球上完全消失了。
嗚，我的寶貝蛋……

事實上，沒有人比我更愛他們了！
為了多多鳥，我提前訓練他們，讓他們認識人類的可怕！
我也喜歡其他冰河動物，所以我……
所以你就偷走我的冰河動物，好讓他們不要滅絕嗎？
啊！
怎麼會是你？

咦？你們兩個認識？
不～～
想跑？嘻嘻……
刷
哇！

你們兩個？
一模一樣……

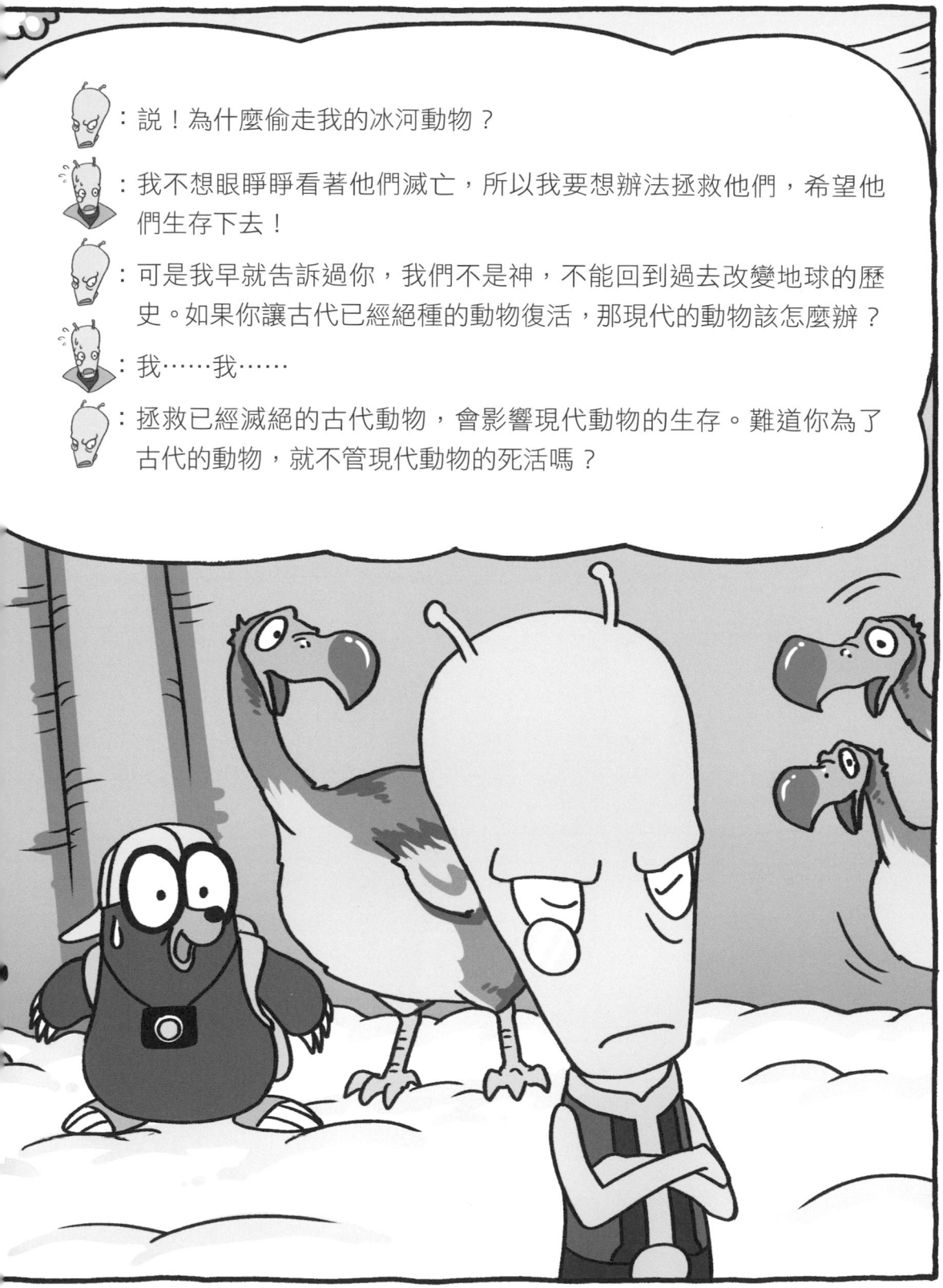
：說！為什麼偷走我的冰河動物？
：我不想眼睜睜看著他們滅亡，所以我要想辦法拯救他們，希望他們生存下去！
：可是我早就告訴過你，我們不是神，不能回到過去改變地球的歷史。如果你讓古代已經絕種的動物復活，那現代的動物該怎麼辦？
：我……我……
：拯救已經滅絕的古代動物，會影響現代動物的生存。難道你為了古代的動物，就不管現代動物的死活嗎？

# 讓滅絕動物復活可能會產生的問題

**沒有對象可以學習**

有些動物需要在出生後向同類學習求偶、覓食或其他行為。復活的旅鴿可能沒有人可以教導牠們。

**無法適應現代的環境**

古代和現代的氣候、環境都不同。復活的長毛象在今日，可能找不到足夠、適合生存的地方。

**可能帶來危險**

復活的古代動物，可能與現代動物競爭空間、食物，甚至帶來危險。例如暴龍如果成功復活，可能會捕食大部分的現代動物，破壞生態平衡。

嗯……
#€△○！
嗚哇哇
€%¥□……
喂，這傢伙到底是誰，為什麼長得跟你一模一樣？
他是我的雙胞胎弟弟，跟我一樣喜歡研究地球動物啦！
他比你高這麼多，怎麼可能是你的雙胞胎弟弟啊？

答案很簡單，看這邊！
暴露狂～我不敢看！
哈哈，不是啦！
為了裝成人類，我踩高蹺啦～
真有趣！
借我玩！
哥，救我……
噗！

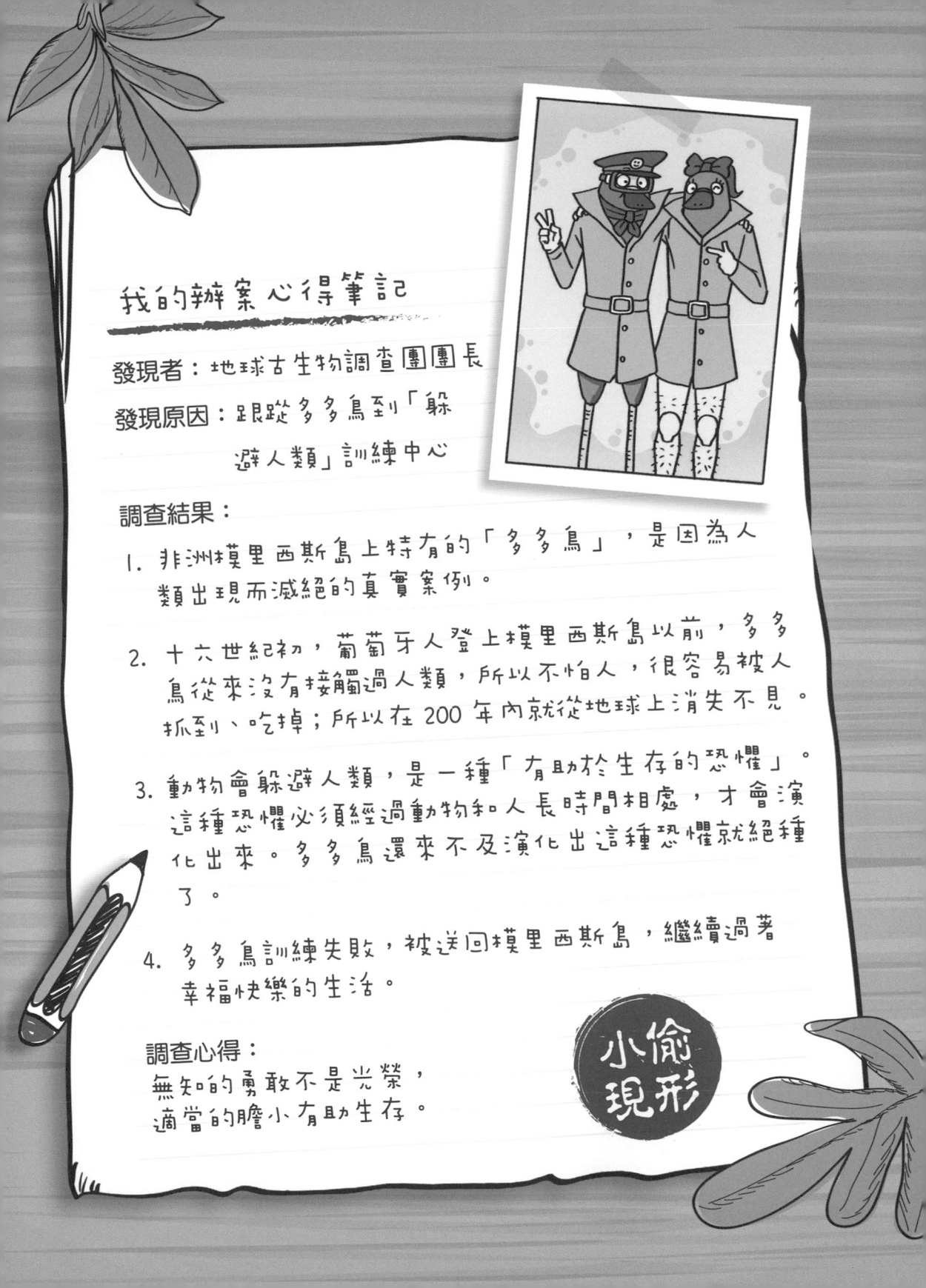

## 我的辦案心得筆記

發現者：地球古生物調查團團長

發現原因：跟蹤多多鳥到「躲避人類」訓練中心

調查結果：

1. 非洲模里西斯島上特有的「多多鳥」，是因為人類出現而滅絕的真實案例。

2. 十六世紀初，葡萄牙人登上模里西斯島以前，多多鳥從來沒有接觸過人類，所以不怕人，很容易被人抓到、吃掉；所以在 200 年內就從地球上消失不見。

3. 動物會躲避人類，是一種「有助於生存的恐懼」。這種恐懼必須經過動物和人長時間相處，才會演化出來。多多鳥還來不及演化出這種恐懼就絕種了。

4. 多多鳥訓練失敗，被送回模里西斯島，繼續過著幸福快樂的生活。

調查心得：
無知的勇敢不是光榮，
適當的膽小有助生存。

小偷現形

# 冰原迷你象

嘿嘿~好了！
團長是痣和膏藥，弟弟是刀疤！
噗
嘻
哈哈哈
哈哈哈
哈哈

呵呵，不要生氣嘛～
你們兩個這麼像，
做記號才知道誰是誰啊～
氣死我了！
你什麼時候才要把動物還給我？
哼，我的計畫還沒完成，完成後自然就會交出來了啦！
可惡！你從小就這樣！
哎喲！
咚

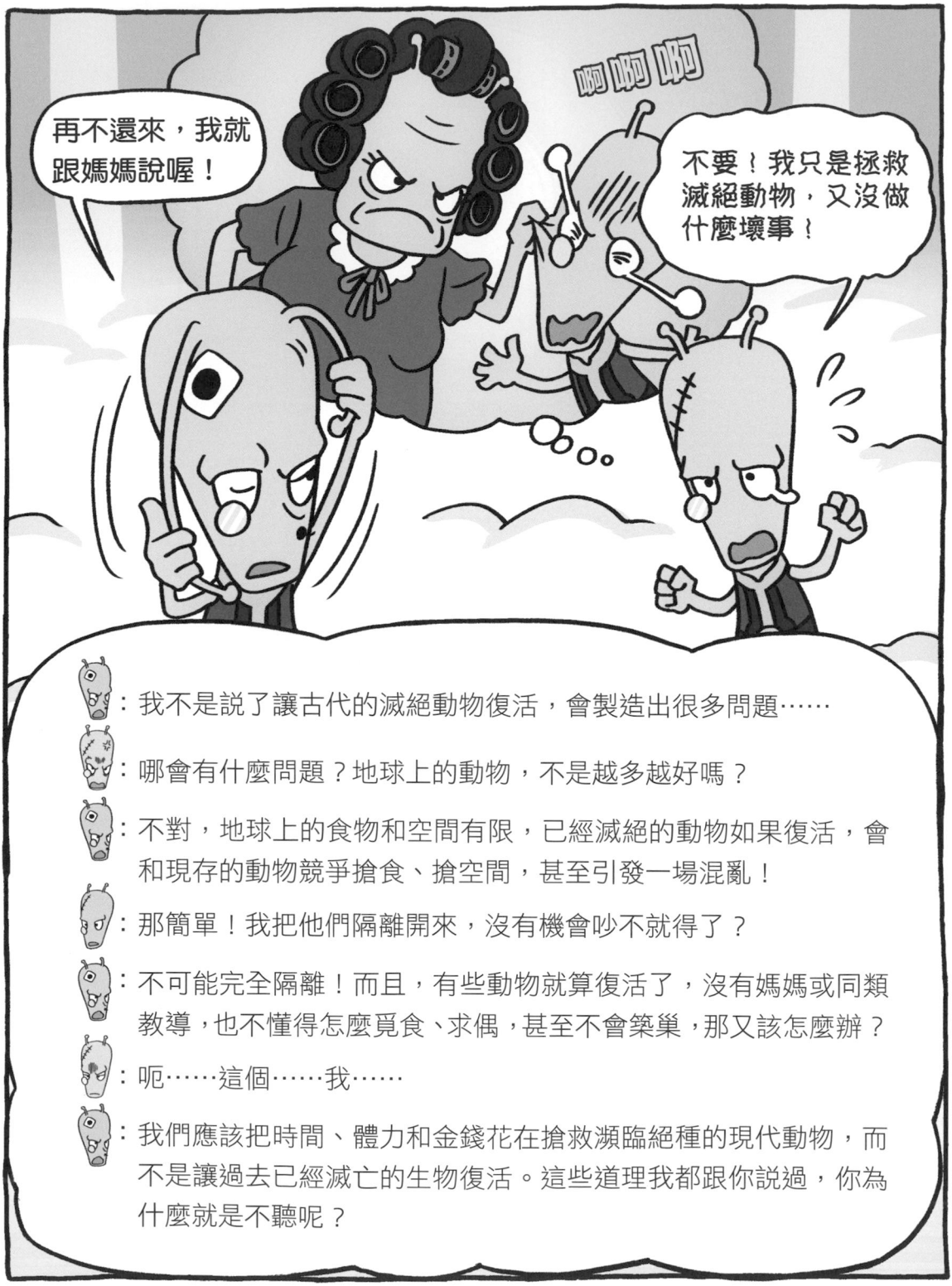
再不還來，我就跟媽媽說喔！
啊啊啊
不要！我只是拯救滅絕動物，又沒做什麼壞事！
：我不是說了讓古代的滅絕動物復活，會製造出很多問題……
：哪會有什麼問題？地球上的動物，不是越多越好嗎？
：不對，地球上的食物和空間有限，已經滅絕的動物如果復活，會和現存的動物競爭搶食、搶空間，甚至引發一場混亂！
：那簡單！我把他們隔離開來，沒有機會吵不就得了？
：不可能完全隔離！而且，有些動物就算復活了，沒有媽媽或同類教導，也不懂得怎麼覓食、求偶，甚至不會築巢，那又該怎麼辦？
：呃……這個……我……
：我們應該把時間、體力和金錢花在搶救瀕臨絕種的現代動物，而不是讓過去已經滅亡的生物復活。這些道理我都跟你說過，你為什麼就是不聽呢？

快說，你把我的長毛象帶到哪裡去了？
不想說！

不說嗎？那我打電話給馬麻囉！
啊
嘟一
嘟一

喂～馬麻～
好啦，我說就是了。

我帶你去看他們，總可以了吧？
ㄉㄨㄢ
ㄉㄨㄢ

OK～

那我們一起出發吧！
GO！

嘩
嘩
就是那裡，我把長毛象帶到那個島上去了。
我沒有看到什麼長毛象啊！
哇，有鯨魚，大家快看！
可是鯨魚怎麼會有毛咧？
是長毛象！
尤尤尤
尤

# 長毛象小檔案

| | |
|---|---|
| **姓　名** | 長毛象 |
| **生存時間** | 距今 15 萬年前出現，但大部分在 1 萬 2000 年前消失，最後一批大約於西元前 1700 年滅亡。 |
| **體型與特徵** | 長毛象是猛獁象的一種，又稱為「真猛獁象」或「毛猛獁」。牠們生存在寒冷的北美洲和歐亞大陸的北方，為了禦寒，身上長著厚厚的長毛。長毛象的象牙比現代的象更長、更彎曲，體型大小和非洲象差不多，肩高可以高達 4 公尺，體重 6000 公斤。 |
| **滅亡原因** | 推斷是因為冰期結束、氣候變暖，再加上人類的大量獵殺。 |

救救我們，我們快沒有力氣游泳了！
快淹死了，拜託救救我們……
快拉他們上來！
怎麼拉？他們好重！
試試拉鼻子！
用力！

咿……
再加把勁！
尤尤！好痛啊！
大家讓開！
刷
吱一
嘩

耶，成功了！是誰救的？
是團長的弟弟！
砰
砰
太好了，安全了！
他們應該沒事吧？
應該只是太累了。
呼……

嘩一
哼！都是你！
快放我下來！
別生氣，
剛才是他把你們從海裡救上來的耶！
哼！
啊！

但把我們丟到孤島上的也是他啊！

沒錯！就是這傢伙～

：這個小島的食物根本不夠！只有個子小的長毛象才勉強可以吃飽，像我們兩隻大塊頭，每天都在餓肚子！

：餓肚子真難受！所以我們才想游回老家，在冰原大陸上雖然有人類捕獵我們，但我們可以躲，而且食物豐富，每天都可以吃飽！只是我們太餓了，游到一半就沒力氣，差點淹死在海裡……

說！你不是最愛拯救動物嗎？為什麼帶他們來島上，害他們受苦受難呢？

很簡單！我是有目的的……

呼

呼

※「迭」念成「 ㄉㄧㄝˊ」。

※「侏儒」念成（ㄓㄨ ㄖㄨˊ），原指因為天生骨骼發育不全而過度矮小的人，這裡用來譬喻比同類矮小的動物。

# 迷你象是怎麼出現的？

大象雖重，卻擅長游泳。牠們偶爾會不小心游到島嶼，而定居在島嶼上，之後卻因為食物少、空間小，體型小的後代才適合生存下來。所以經過一代又一代的演化以

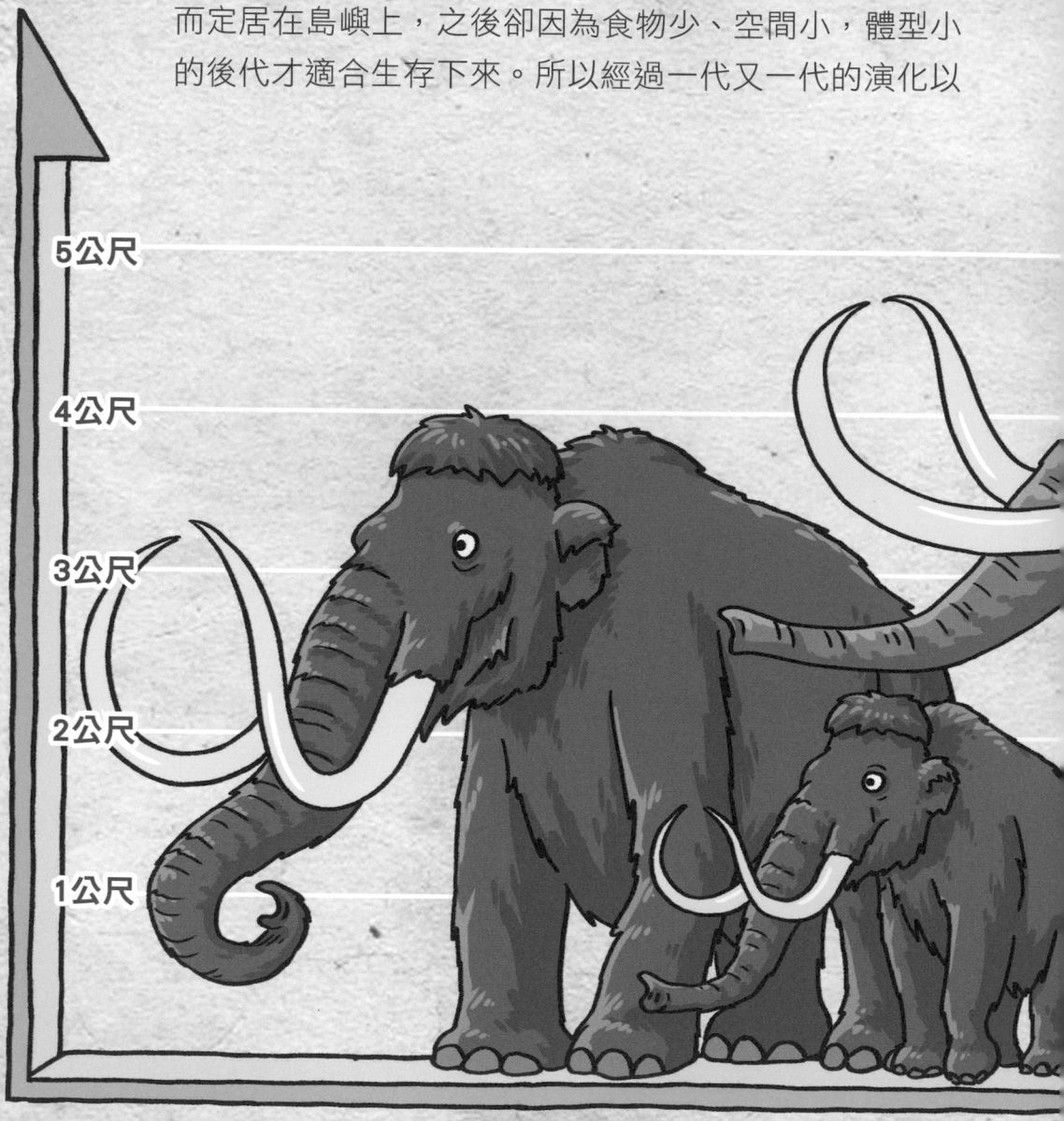


祖先
**長毛象**

後代
**弗格蘭爾島的迷你長毛象**

後，慢慢在島上出現「迷你版」的後代。科學家在現今俄羅斯的弗蘭格爾島、希臘的克里特島等，都發現了這些迷你象的化石。

# 自然發生的大復活：迭代演化

大自然中有滅絕動物重新復活的例子，但是非常少見，稱為「迭代演化」或「重覆演化」。例如動物 A 在 A 環境中，慢慢演化成動物 B ，但是動物 B 後來滅絕了；那麼，只要原先的動物 A 或動物 A 的近親，再一次進入 A 環境中，經過一段時間的演化、適應後，就可能重新演化出動物 B ，或與動物 B 具有相同外形的動物。

## 迭代演化的例子——白喉秧雞

可是後來海平面上升，環礁被海水淹沒，不會飛行的白喉秧雞就全部消失。

過了一段時間後，阿爾達布拉環礁又重新露出水面。會飛行的白喉秧雞祖先，又飛來到這裡定居。
這裡好像不錯～
我們就住在這裡吧！
因為島上沒有天敵，新來的白喉秧雞祖先又重覆之前的演化過程，再度演化成不會飛行的白喉秧雞。
這裡簡直是天堂！
不會飛也沒什麼大不了的！
耶，復活囉！

好聰明，我都沒想過這種方法！
好感動！終於有人欣賞我的才華了。
你聰明才怪！
從頭到尾沒有替我們著想！
只為了復活迷你象，就犧牲我們！
對啊，好沒良心，嗚……

這是？
呼
呼
島上的食物本來就不多了，現在又來了這些大傢伙。
唉，準備餓肚子囉！
連島上的雕齒獸都這麼說……
嗶嗶—
咦？
刷
餵飽長毛象後護送他們回家！
收到！

喂～馬麻我跟你說，弟弟他不乖把我的……
轟
哼！
啊
啊
啊
喂，你別跑！
嗚嗚
去哪裡？等等我～

## 我的辦案心得筆記

發現者：古生物調查團團長的弟弟

發現原因：受到哥哥逼迫，主動帶達克比一行人前往

調查結果：

1. 「迭代演化」就是按照過去類似的方式，重覆演化出來的意思。

2. 大自然有時候會有滅絕的動物以「迭代演化」的方式自然復活，但是非常少見。白喉秧雞就是迭代演化的例子。

3. 體型大的動物定居在島嶼上以後，因為食物少、空間小，容易演化出「侏儒化」的後代，例如俄羅斯弗蘭格爾島上的迷你長毛象。

4. 地中海的島嶼上，也有許多迷你象的化石。目前體型最小的是馬爾他島上的「歐洲矮象」，肩高只有90公分，跟人類的4歲小孩差不多高。

調查心得：

海上漂流記，演化真神奇；
島嶼侏儒化，大象變迷你。

救援成功

# 發現人類象骨屋

沙
沙
吱一
?
?
嘿，你不要感到沮喪啦～
對啊，你哥哥是好人，他不是故意傷害你的。
我……
哈哈哈哈

你們以為我會這麼容易就放棄嗎？
砰！
哥哥不給我長毛象，我就自己「做」一隻！
你們看！
刷
噹啷！
ZZZ
呃
啊

# 克羅馬儂人小檔案

| | |
|---|---|
| **姓　名** | 克羅馬儂人 |
| **生存時間** | 距今大約 4 萬年～ 1 萬年前的歐洲 |
| **體型與特徵** | 克羅馬儂人跟現代人類一樣，屬於「智人」的一種，其化石首度在法國西南部的克羅馬儂石窟中被發現。克羅馬儂人身材高大，主要以打獵維生，會用敲打石頭的方式製造工具，也會用火，並已發展出高超的繪畫技巧。 |
| **滅亡原因** | 有些專家認為，克羅馬儂人可能沒有滅亡。生活在現代西班牙中北部和法國西南部的「巴斯克人」，可能是克羅馬儂人的後代。 |

# 他們從哪裡來？

克羅馬儂人是上一次冰期居住在歐洲的早期人類。他們的祖先可能來自非洲，在距今 5 萬年前從中東或地中海進入東歐，然後在 3 萬 5000 年前到達歐洲的西邊。

那個時期的歐洲是一片沒有樹的廣大草原，克羅馬儂人在草原上捕獵馬、鹿、羚羊、野牛、長毛象等大型草食動物，從他們留在洞穴石壁上的畫像就可以看到這些動物。

克羅馬儂人正在狩獵長毛象的圖畫。

你做的長毛象，鼻子真短耶！
暈倒
這是人類！不是長毛象！
咚！
現在，活生生的長毛象已經不多了！
我只好抓來一個人類小孩，用他身上穿的長毛象毛皮，製作一隻長毛象！
你是說這樣嗎？
當然不是！
砰！

：我是抽出長毛象毛皮細胞裡的遺傳物質 DNA，來製造長毛象。
：可是毛皮做成衣服那麼久了，裡面的 DNA 應該已經損壞，你覺得會成功嗎？
：你的擔心一點都沒錯。所以我剪下現代大象的 DNA 來修補長毛象的 DNA，這種技術叫做「基因編輯」，是目前最被看好、最有可能成功的復活技術！
基因編輯技術
絕種動物的化石非常古老，化石裡的 DNA 有許多地方斷裂、消失。「基因編輯技術」是用牠們現代親戚的 DNA 來修補，就像「剪下+貼上」一樣，希望得到比較完整的 DNA。

# 長毛象大復活？

從冰凍的長毛象抽出DNA。因為年代久遠，DNA有部分斷裂、消失。

長毛象的 DNA

利用基因編輯技術，用亞洲象的 DNA 把長毛象不見的 DNA 補起來。

基因編輯好的 DNA

把修補好的 DNA 放進亞洲象的卵細胞裡。

卵細胞開始順利發育。

長毛象滅亡的年代，離現在不算遠。在寒冷的西伯利亞，經常還能挖到冰凍超過一萬年的長毛象屍體。科學家計劃先從這種屍體中抽出長毛象的 DNA，再經過「基因編輯技術」、利用現代亞洲象的 DNA 來加以修補的話，說不定「有機會」製造出與古代長毛象非常相似的長毛象來。

什麼？
又失敗了！
砰
長毛象的 DNA 不足？
嘟嘟
可能還需要更多的長毛象DNA來做實驗才行吧！
這時候，去哪裡找更多的長毛象DNA 呢？
傷腦筋～
這樣啊……
放走那個小孩吧，讓他回到人類的村莊裡。
我想我知道該怎麼做了……

沙
沙

還好你放走了這個小孩，不然我就要以綁架罪行逮捕你！

噓！小聲點！
別跟丟這個孩子了！

喂！你為什麼故意放走他，又偷偷跟蹤呢？

我知道！一定是想跟著他回人類村莊，就能找到更多的長毛象毛皮、拿到更多的 DNA，對不對？

啊！
哎喲！
咚
砰

幹嘛突然停下來啦！
這就是人類居住的村莊嗎？
咚
全都是用長毛象骨頭做成的房子！
沙
沙
滋
滋

# 梅日里奇的「象骨屋」

1965 年，位於東歐烏克蘭梅日里奇地區的一位農民，在自己家裡挖掘地窖時，挖到了 1 萬 5000 年前克羅馬儂人居住的四座象骨小屋。專家發現在這裡的骨頭大約取自 150 頭長毛象，有些象骨被用來搭建小屋，有些則充當食物和燃料。後來研究得知從東歐到俄羅斯的寒冷地區，都能找到這一類遠古時代的象骨屋。

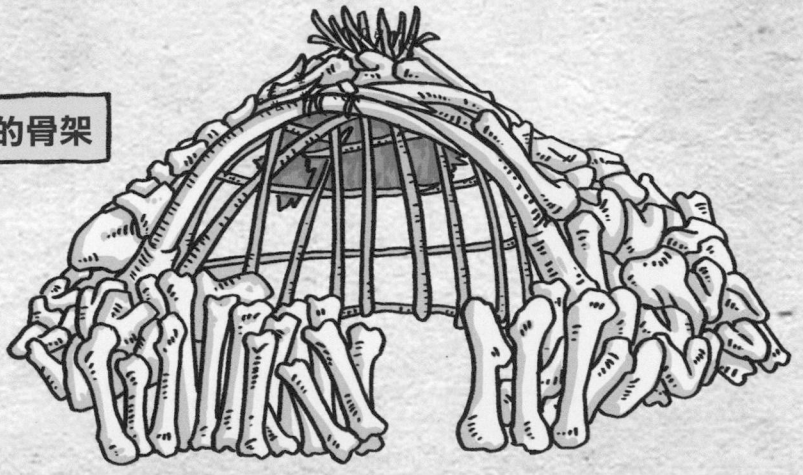

用象骨搭成房屋的骨架

在房屋骨架外面舖上毛皮

他們還把象骨當做火堆在燒！
天啊，這些人類一定殺了很多長毛象！
呵呵……
哈哈哈哈
奇怪，你怎麼還笑得出來？
……
原來……

這一切都是人類造成的！

你說的「一切」是指什麼？

殺呀！
殺！
：人類不但殺死了這麼多長毛象，還抓光了雕齒獸、野牛、披毛犀、駝鹿……這些美麗的巨型動物，都是因為人類才滅絕的！
：這不能怪他們！原始人類也是地球動物的一種。他們獵殺其他動物，只是為了讓自己生存下去。
：你說的沒錯。但是你看人類實在太聰明，會製造武器、設計陷阱，破壞能力超強，難怪只要人類出現在哪裡，那裡的巨型動物就跟著滅絕！
：沒有證據可以證明，你可別亂說喔！

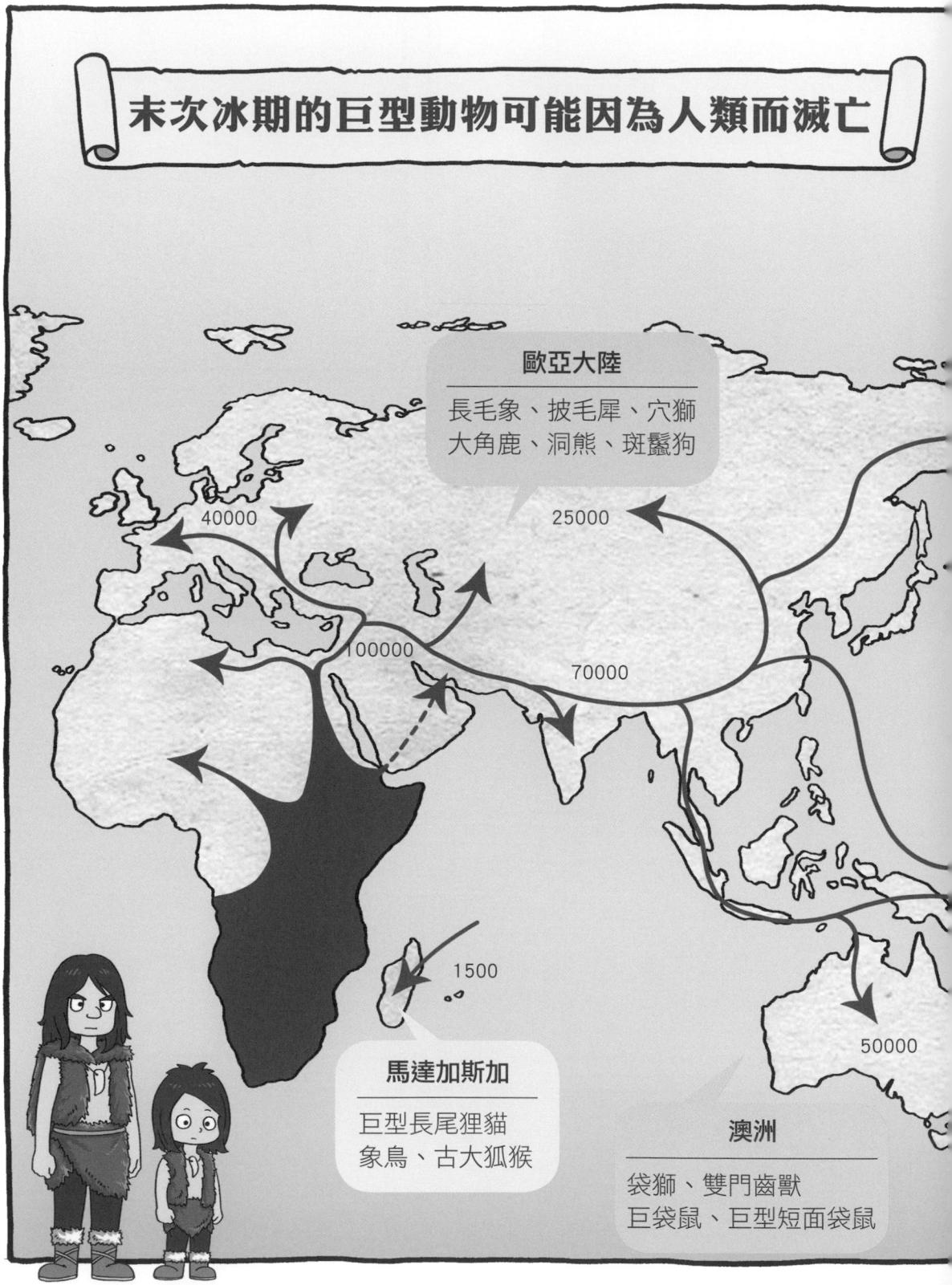
末次冰期的巨型動物可能因為人類而滅亡
歐亞大陸
長毛象、披毛犀、穴獅
大角鹿、洞熊、斑鬣狗
40000
25000
100000
70000
1500
50000
馬達加斯加
巨型長尾狸貓
象鳥、古大狐猴
澳洲
袋獅、雙門齒獸
巨袋鼠、巨型短面袋鼠

巨型動物又高又大，卻在上一次的冰期結束時神祕的大量消失。科學家在許多動物的骨骼化石上，發現人類製造的傷痕，也在化石旁找到原始人類製造的武器和工具。所以有人認為，人類可能過度捕捉草食動物，造成牠們絕種消失，而肉食動物也因為沒有草食動物可吃而走向滅亡。這些推論的明確證據就是，人類出現的時間與部分動物滅亡的時間非常吻合。以下是因為人類而大量減少或滅絕的動物。

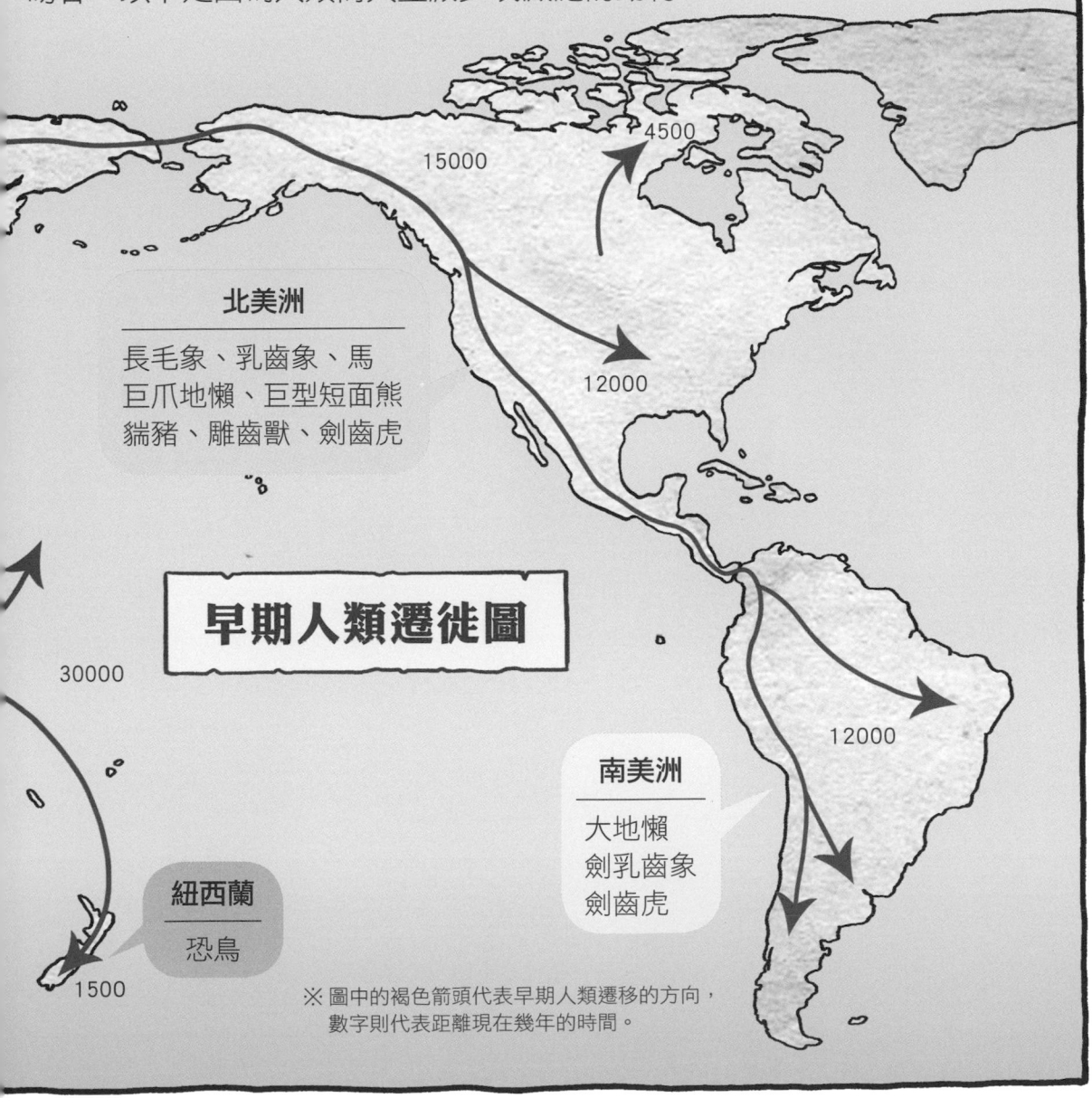


※ 圖中的褐色箭頭代表早期人類遷移的方向，數字則代表距離現在幾年的時間。

人類的出現對動物造成的影響，不一定是大量的獵殺。有時候，人類砍伐森林當做居住地、放火燒掉林木改種農作物、捕獵肉食動物賴以維生的草食動物，或是帶來外來種生物，也會大大的影響動物的生存。有些動物是受到人類的危害，同時加上自然災害或氣候變化，最終才走向滅亡。

從下面的圖表可以看出來：人類最早出現在非洲，非洲的巨型動物有足夠的時間演化出適應人類的行為，所以受到人類出現的影響比較少。相反的，人類到達澳洲、北美洲、馬達加斯加的時間比較晚，動物來不及演化出適應人類的行為，就在人類到達後很快的集體滅亡。

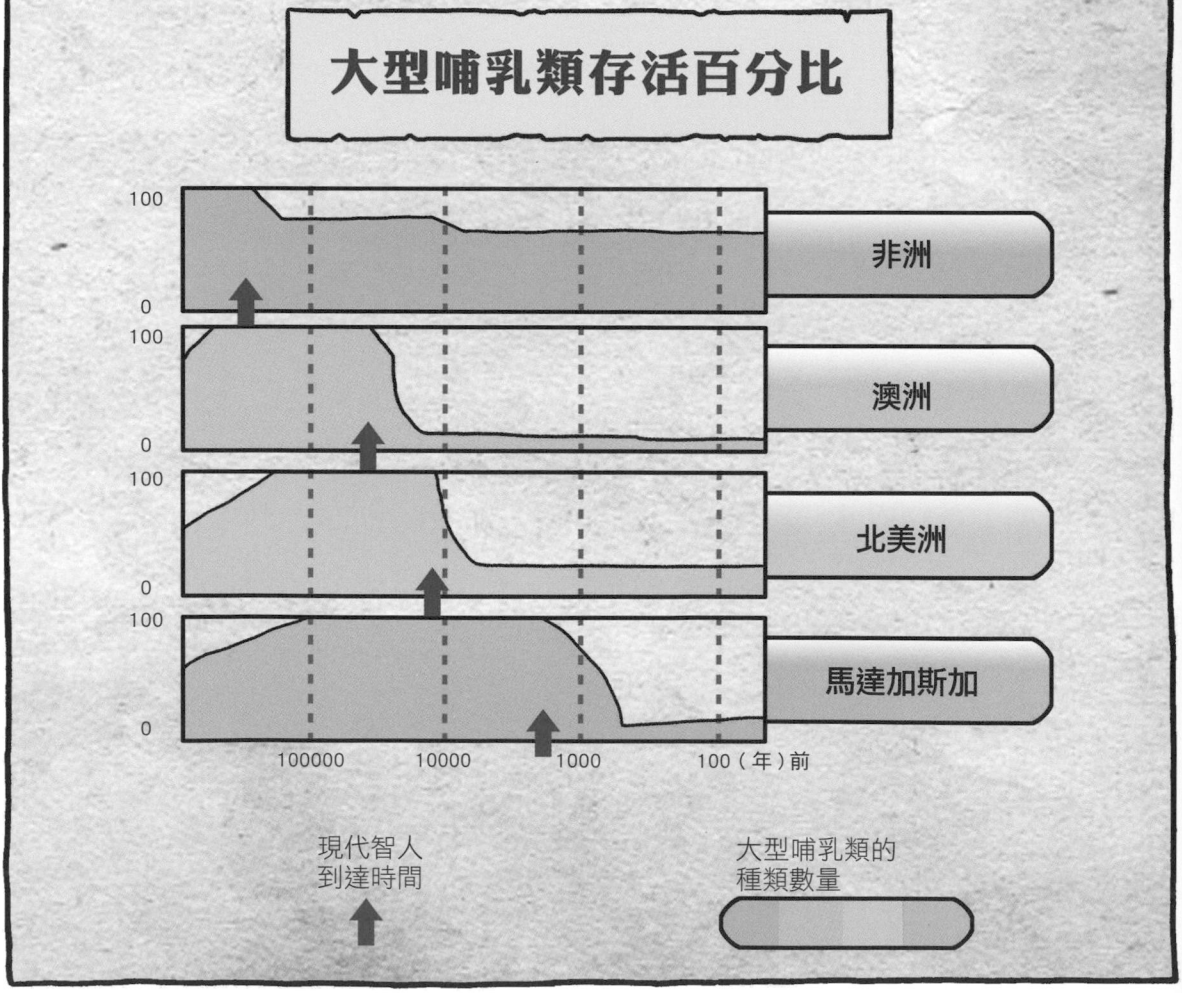

哼！這個村莊有這麼多象骨，就是個清清楚楚的鐵證！

只要有人類在，我的復活計畫永遠不會成功！我決定……

你……你要做什麼？

我要消滅所有人類，解救巨型動物！

不行啊！
千萬別做傻事！

好，就是這個了！

※ 返祖就是「返」回「祖」先的樣子，請見第六集第 52 頁。

你們倆閃邊去！
這些哥哥說過幾百遍，我都聽膩了！
啪
砰
可惡～
拿來！
休想！
達克比加油～
呃
哼
啊！
阿美！
砰
砰
啊
咔
咔

還我……
踩
嘿嘿
是哥哥！
刷
哇哈哈，
媽媽來了！
什麼？我完了！
咻
接受偉大媽媽
的懲罰吧！

怎麼可以這麼不乖！
媽媽～對不起！
啊
啊
啊
你被禁足了！跟我回家！
嗚哇哇～
咻
咻

※巨齒鴨嘴獸的介紹請看第六集第五單元。

## 我的辦案心得筆記

發現者：團長的弟弟

發現原因：為了拿到更多的長毛象毛皮，
跟蹤人類小孩回家

調查結果：

1. DNA的正式名稱叫做「去氧核醣核酸」。不同的生物細胞裡有不同的DNA，就像擁有不同的遺傳密碼一樣。
2. 基因也是由DNA組成的。「基因編輯」被認為是目前最有可能成功的復活技術。
3. 在冷凍了上萬年的長毛象裡，可以找到長毛象的DNA，但是通常有許多斷裂和缺損。
4. 許多巨型動物滅亡的時間點，與原始人類出現的時間吻合，但也有些與人類無關。
5. 團長弟弟被罰刷馬桶一個月，不准再隨便改變其他星球的動物歷史。

調查心得：

人類太聰明，闖禍第一名。
是萬物之靈？要好好反省。
如果沒愛心，動物心驚驚。
聰明又有愛，世界才太平。

驚險過關

## 下集預告

選美大會的三號佳麗發生了什麼事呢？

**請看下集分解**

# 小木屋派出所新血召募

想和動物警察達克比一起出任務嗎？來個理解力大考驗，測試自己的辦案能力吧！

# 拿出達克比辦案的精神，

**1** **用「人工選殖」的方式，可以養出外形跟滅絕動物很像的動物，最好的例子就是「班驢計畫」。請排出「班驢計畫」的正確順序。**

**答：**_____

❶ 在野外繼續尋找顏色較淺的斑馬，加入繁殖的行列。

❷ 每次都挑選淺色的斑馬交配，重複幾代以後，開始出現像斑驢的後代。

❸「布氏斑馬」是一種平原斑馬，外形最像斑驢。挑選並養育幾隻「布氏斑馬」。

❹ 挑選條紋顏色較淺的布氏斑馬交配，生出顏色更淺的第二代。

# 請找出下列題目的正確答案。

## 2 如果滅絕動物復活了，可能會有什麼問題？請選出正確的敘述。

答：_____

1. 

滅絕動物和現代動物搶食、搶空間，反倒讓現代動物餓肚子而滅絕。

2. 

滅絕動物無法適應現代氣候和環境，找不到適合生存的地方。

3. 

地球上生存的動物越來越多，增加生物多樣性。

4. 

有些動物需要向同類學習如何求偶、覓食，但復活後沒有學習的對象。

## 3 下列是讓滅絕動物復活的方式，請將右邊的文字連上正確的敘述。

**複製技術** •

**迭代演化** •

**人工選殖** •

• 

人類挑選長相接近的動物交配，慢慢培養出外形相似的個體。

• 

出生的寶寶，會和提供 DNA 的那位媽媽長得一模一樣。

• 

在大自然中按照過去類似的方式，重覆演化出來，但是十分少見。

# 解答篇

## 1 ③ → ④ → ① → ②

## 2

① 

② 

④ 

## 3

**複製技術**

**迭代演化**

**人工選殖**

人類挑選長相接近的動物交配，慢慢培養出外形相似的個體。

出生的寶寶，會和提供 DNA 的那位媽媽長得一模一樣。

在大自然中按照過去類似的方式，重覆演化出來，但是十分少見。

### ● 你答對幾題呢？來看看你的偵探功力等級

| | |
|---|---|
| 答對一題 | 😐 你沒讀熟，回去多讀幾遍啦！ |
| 答對二題 | ☺ 加油，你可以表現得更好。 |
| 答對三題 | 😀 太棒了，你可以跟達克比一起去辦案囉！ |

多讀達克比，你以後就可以跟我一樣變成厲害的動物專家喔！

# 筆記欄

達克比辦案❾

# 冰原迷你象

巨型動物與復活生物學

| | |
|---|---|
| 作者 | 胡妙芬 |
| 繪者 | 柯智元 |
| 達克比形象原創 | 彭永成 |
| 審定 | 楊子睿 |
| 責任編輯 | 林欣靜、張玉蓉 |
| 封面設計 | 林家蓁 |
| 內頁設計 | 柏思羽 |
| 行銷企劃 | 劉盈萱 |
| 天下雜誌群創辦人 | 殷允芃 |
| 董事長兼執行長 | 何琦瑜 |
| 媒體暨產品事業群 | |
| 總經理 | 游玉雪 |
| 副總經理 | 林彥傑 |
| 總編輯 | 林欣靜 |
| 行銷總監 | 林育菁 |
| 主編 | 楊琇珊 |
| 版權主任 | 何晨瑋、黃微真 |
| 出版者 | 親子天下股份有限公司 |
| 地址 | 台北市 104 建國北路一段 96 號 4 樓 |
| 電話 | (02) 2509-2800 |
| 傳真 | (02) 2509-2462 |
| 網址 | www.parenting.com.tw |
| 讀者服務專線 | (02) 2662-0332 週一～週五：09:00~17:30 |
| 讀者服務傳真 | (02) 2662-6048 |
| 客服信箱 | parenting@cw.com.tw |
| 法律顧問 | 台英國際商務法律事務所 ・ 羅明通律師 |
| 製版印刷 | 中原造像股份有限公司 |
| 總經銷 | 大和圖書有限公司　電話：(02) 8990-2588 |
| 出版日期 | 2020 年 12 月第一版第一次印行 |
| | 2024 年 7 月第一版第十六次印行 |
| 定價 | 320 元 |
| 書號 | BKKKC161P |
| ISBN | 978-957-503-698-0 (平裝) |

**訂購服務**

親子天下 Shopping | shopping.parenting.com.tw

海外・大量訂購 | parenting@cw.com.tw

書香花園 | 臺北市建國北路二段 6 巷 11 號　電話：(02) 2506-1635

劃撥帳號 | 50331356 親子天下股份有限公司

立即購買 >

親子天下 Shopping

有聲故事書

國家圖書館出版品預行編目資料

達克比辦案 9, 冰原迷你象：巨型動物與復活生物學 / 胡妙芬文；柯智元圖. --
第一版. -- 臺北市：親子天下, 2020.12
136 面；17×23 公分
ISBN 978-957-503-698-0 (平裝)
1. 生命科學 2. 漫畫
360　109016983



p.107 By Charles R. Knight - http://birdbookerreport.blogspot.com/2012/01/new-title_30.html, Public Domain, https://commons.wikimedia.org/w/index.php?curid=18723877

p.107 右下方圖片提供：Shutterstocks 圖庫